Ilusiones ópticas para colorear

Crear efectos visuales con color

Este libro pertenece a:
....

Librero

Índice

Acerca de este libro

Escoge un patrón para tu ilusión óptica

Averigua la respuesta de la ilusión óptica

Número de la ilusión óptica

Colores sugeridos

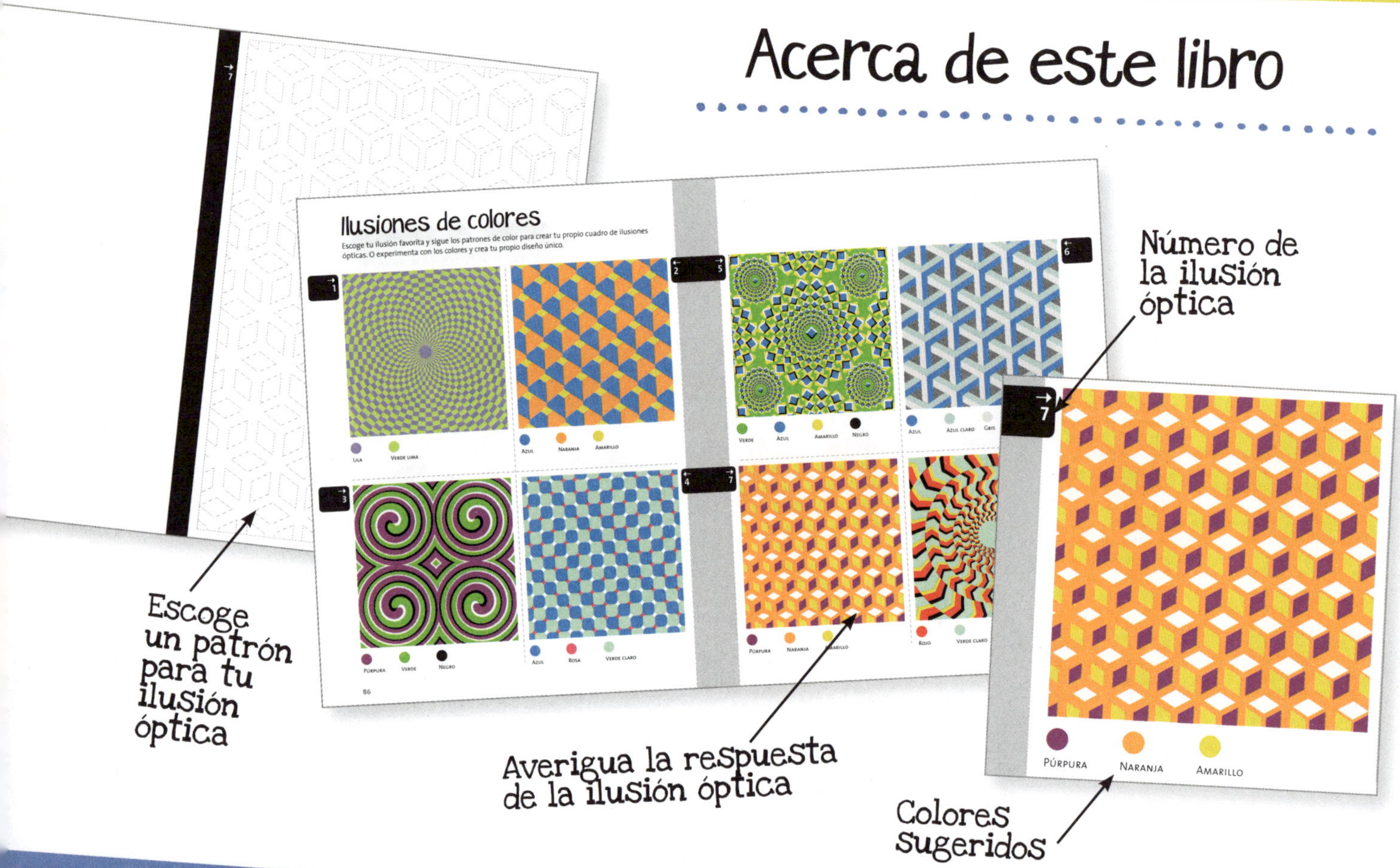

Título original: *The coloring book of visual tricks & illusions*

© 2017 Librero b.v. (edición española), Postbus 72, 5330 AB Kerkdriel, Países Bajos

© 2017 Quarto Inc.

Diseño: Austin Taylor
Directora de arte: Caroline Guest
Directora creativa: Moira Clinch
Editora: Samantha Warrington

Producción edición española: Tanja Timmerman vertaling & redactie

Traducción: Karmen Louzao Martínez
Maquetación: Elixyz Desk Top Publishing

Distribución exclusiva de la edición española:
Ediciones Librero S.L.
Paseo del Pintor Rosales, 32
28008 Madrid
España

Printed in China
Impreso en China

ISBN: 978-90-8998-809-6

Reservados todos los derechos.

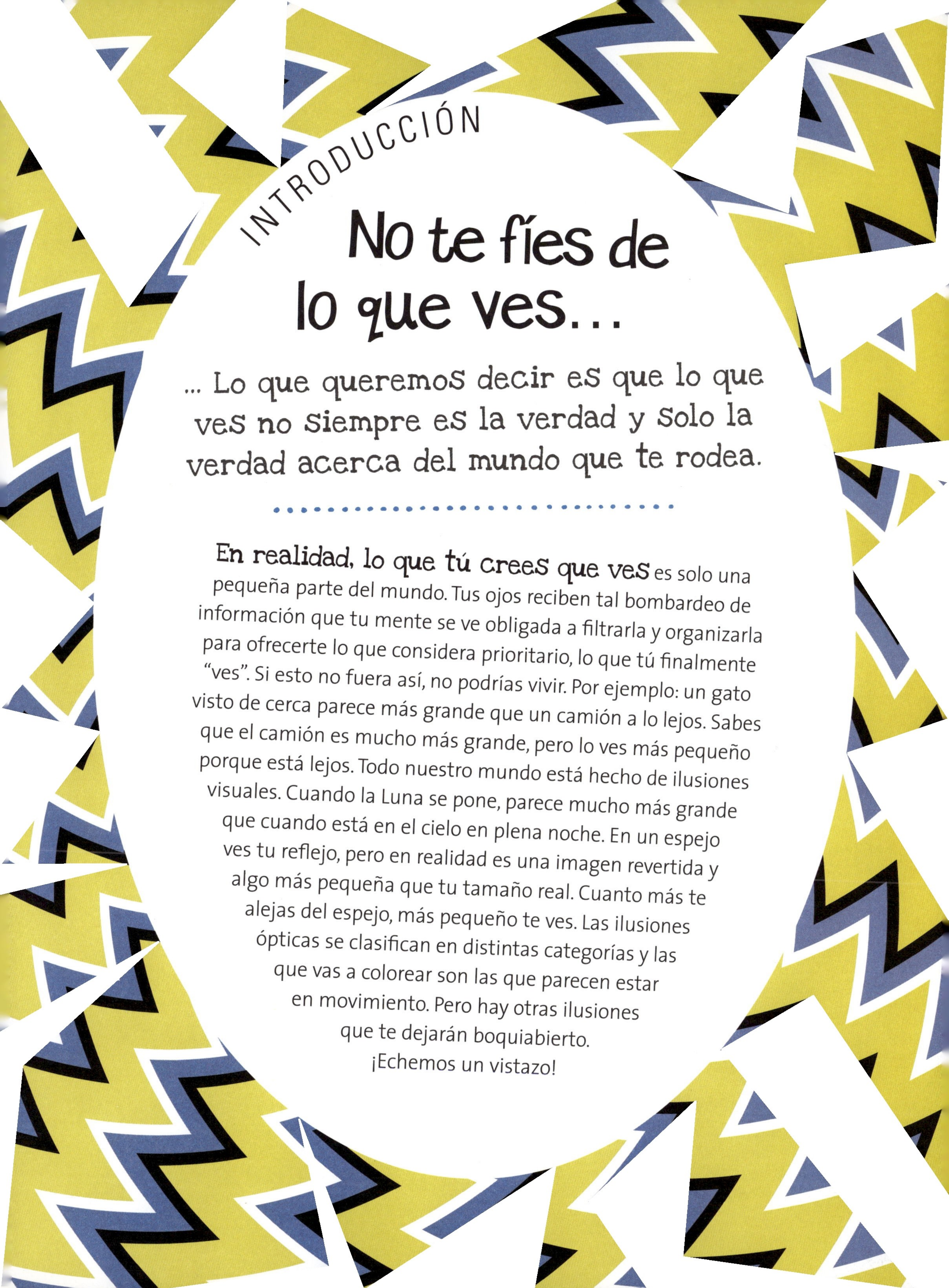

No te fíes de lo que ves...

... Lo que queremos decir es que lo que ves no siempre es la verdad y solo la verdad acerca del mundo que te rodea.

En realidad, lo que tú crees que ves es solo una pequeña parte del mundo. Tus ojos reciben tal bombardeo de información que tu mente se ve obligada a filtrarla y organizarla para ofrecerte lo que considera prioritario, lo que tú finalmente "ves". Si esto no fuera así, no podrías vivir. Por ejemplo: un gato visto de cerca parece más grande que un camión a lo lejos. Sabes que el camión es mucho más grande, pero lo ves más pequeño porque está lejos. Todo nuestro mundo está hecho de ilusiones visuales. Cuando la Luna se pone, parece mucho más grande que cuando está en el cielo en plena noche. En un espejo ves tu reflejo, pero en realidad es una imagen revertida y algo más pequeña que tu tamaño real. Cuanto más te alejas del espejo, más pequeño te ves. Las ilusiones ópticas se clasifican en distintas categorías y las que vas a colorear son las que parecen estar en movimiento. Pero hay otras ilusiones que te dejarán boquiabierto. ¡Echemos un vistazo!

Confusiones ópticas

Los seres humanos confiamos en nuestra vista para manejarnos por el mundo. Tendemos a recordar, evocar, identificar e incluso soñar en imágenes. "Nunca olvido un rostro", podría decir una persona mayor que, sin embargo, sí que puede olvidar nombres u otros datos. Pero cuando los objetos que conocemos presentan patrones inusuales o se presentan en entornos que no son los habituales, el cerebro y el ojo entran en un estado de confusión, como si se tratara de un ordenador mal programado.

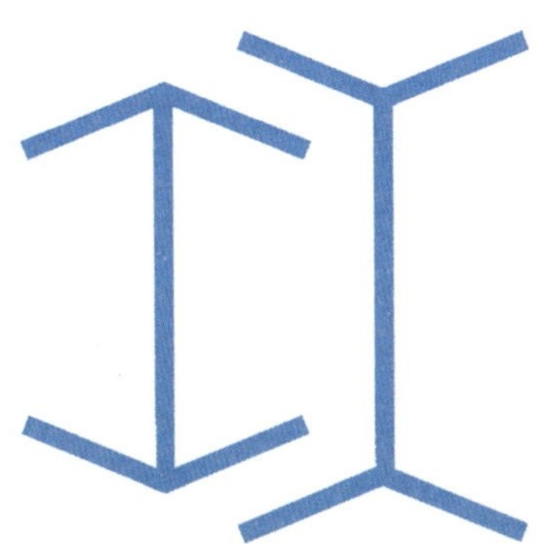

Trato justo

¿Cuál de estos cuadrados es igual de alto que de ancho? El cuadrado de las tiras horizontales, situado a la derecha, parece más alto y el de las tiras verticales, situado a la izquierda, parece más ancho. En realidad, ambos cuadrados tienen el mismo tamaño.

Horizontales y verticales

El ser humano lleva siglos utilizando rayas horizontales y verticales para decorar edificios, ropa e incluso su propio cuerpo. Pero las rayas no siempre son una mera decoración, a veces afectan al modo en que vemos los objetos, haciendo que parezcan más grandes o más pequeños. A veces, hasta el más pequeño detalle puede confundir a nuestros ojos.

Por lo general, las rayas horizontales hacen que un objeto parezca más alto y las verticales, más ancho. Curiosamente, el efecto no es tan obvio en las personas, ya que la ropa de rayas verticales nos hace parecer más altos y delgados, y las de rayas horizontales, más bajos y rellenos.

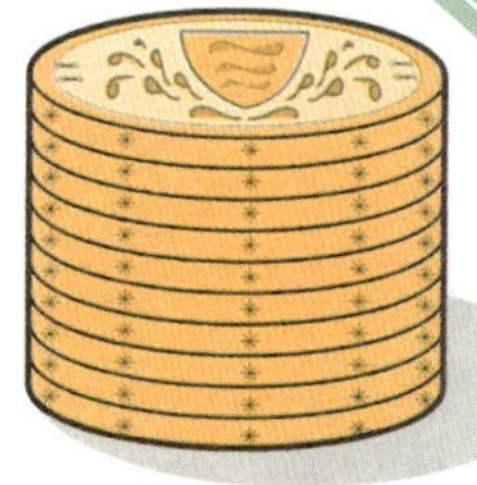

▲ Monedas apiladas

La pila de la derecha parece igual de alta que de ancha. Sin embargo, es la pila de la izquierda la que tiene la misma altura y el mismo ancho. Las líneas circulares engañan a la vista.

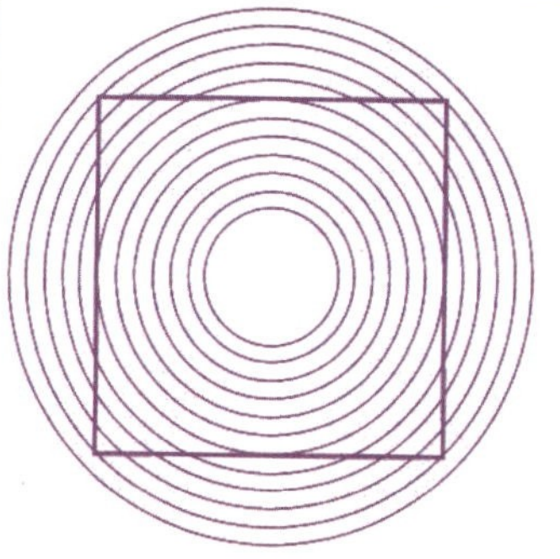

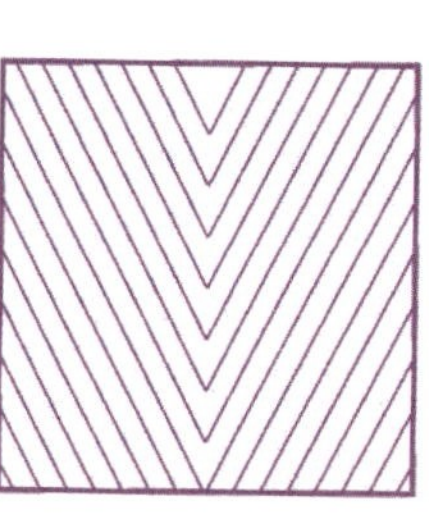

Cuadrados abollados

Pocas formas son más estables que un cuadrado. Sin embargo, si superponemos patrones extraños sobre un cuadrado, este parecerá abollarse o ensancharse como si fuese de gelatina. Se trata de ilusiones, los cuadrados siguen siendo perfectamente cuadrados.

Formas definidas

Observa la imagen de la derecha. Si le añades unas flores, verás un jarrón. Sin embargo, si le pintas dos ojos en los sitios adecuados, verás dos caras enfrentadas. Es increíble cómo puede cambiar nuestra forma de ver una imagen con solo un toque.

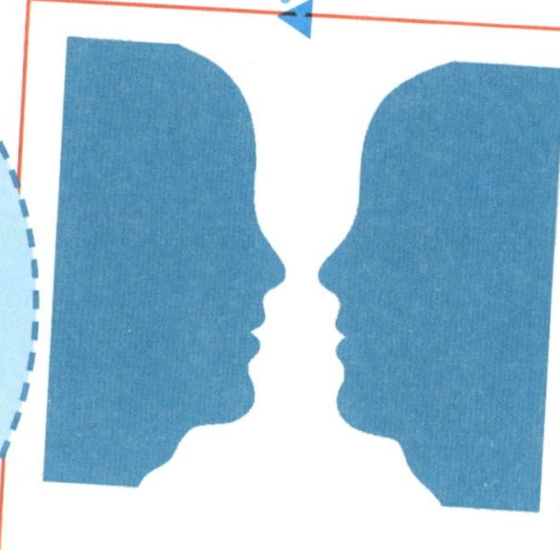

Primer plano y fondo

Observa un dibujo tan sencillo como el de la derecha y verás la silueta blanca de un jarrón sobre un fondo azul. Pero si parpadeas o apartas la vista por un instante, de repente verás en la imagen dos rostros de perfil, uno frente a otro, sobre un fondo blanco.

Edgar Rubin, el psicólogo danés que trazó estas imágenes, explicó que el cerebro intenta hacer una distinción entre una imagen en primer plano y un fondo sin forma. Rubin describió este proceso como la "lectura" de una imagen, ya que lo que hacemos es intentar "leer" el mundo externo de forma similar a como leemos un libro, distinguiendo inmediatamente entre las letras, que tienen un significado, y el fondo de la página, sin significado alguno. Para entender el mundo real, debemos interpretar igual que interpretamos las letras cuando leemos un libro.

El enfoque científico

Los científicos se interesan por los trucos de la vista, y una de las demostraciones científicas más tempranas de la ambigüedad óptica es el cubo de Necker.

Ajustándose a la velocidad

Del mismo modo que nuestros ojos se pueden confundir ante imágenes estáticas, también pueden hacerlo ante imágenes en movimiento. Determinados movimientos, como cuando se rompe una bombilla, son demasiado rápidos para nuestros ojos. Otros, como el crecimiento de una planta, son demasiado lentos como para que los detectemos. Por otro lado, hay movimientos que vemos incorrectamente, o que vemos de una forma determinada debido a una ilusión óptica.

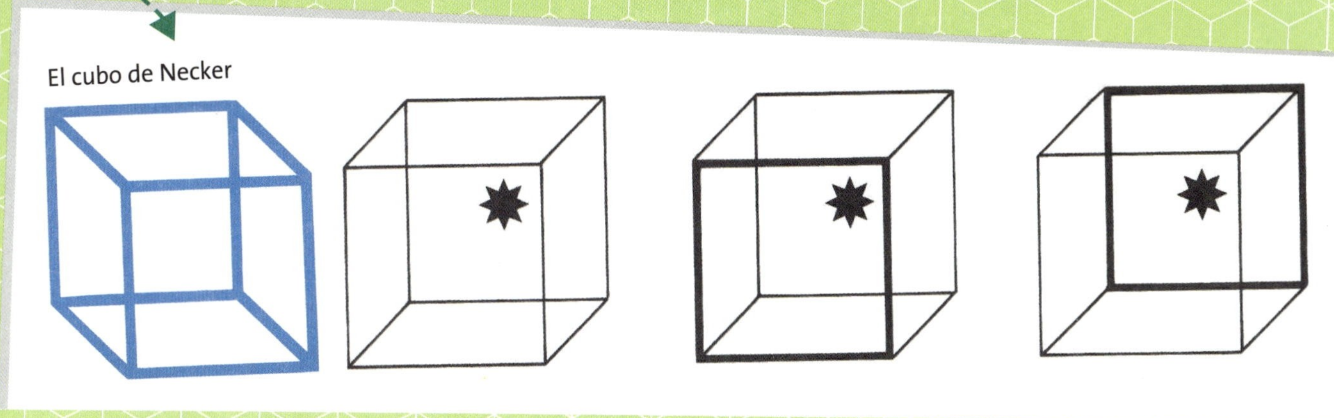

Sobrecarga visual

Algunos artistas han creado una forma de arte que engaña a nuestra vista y nuestro cerebro con movimientos ilusorios. En los años 60, el movimiento del Arte Óptico comenzó a experimentar con imágenes que estimulaban el cerebro de tal forma que parecían estar en movimiento. Echa un vistazo a la obra de Bridget Riley y Victor Vasarely, que deslumbraron al mundo del arte con formas geométricas sorprendentes. Las imágenes de Vasarely parecen cambiar y moverse cuando las observamos. Las de Bridget Riley tienen un efecto aún más extraño: si las observas, te quedarás perplejo intentando encontrar formas que, en realidad, no están ahí. Probablemente los circuitos de tus retinas sufran una especie de sobrecarga. Si apartas la vista, notarás un titileo en los ojos como si estuvieras viendo una televisión sin sintonizar.

La figura de Mach

Uno de los mejores ejemplos de imágenes confusas es la figura de Ernst Mach: un boceto de un libro semiabierto. Bien, podría ser un libro, pero ¿está abierto hacia ti? ¿Estás viendo las hojas o las cubiertas? En realidad, pueden ser las dos cosas.

▲ Cubos

¿Cóncavos o convexos? No sabrás lo que ves hasta que lo pienses. Entonces tu percepción de la imagen cambiará.

¡Aquí empiezan las ilusiones ópticas!

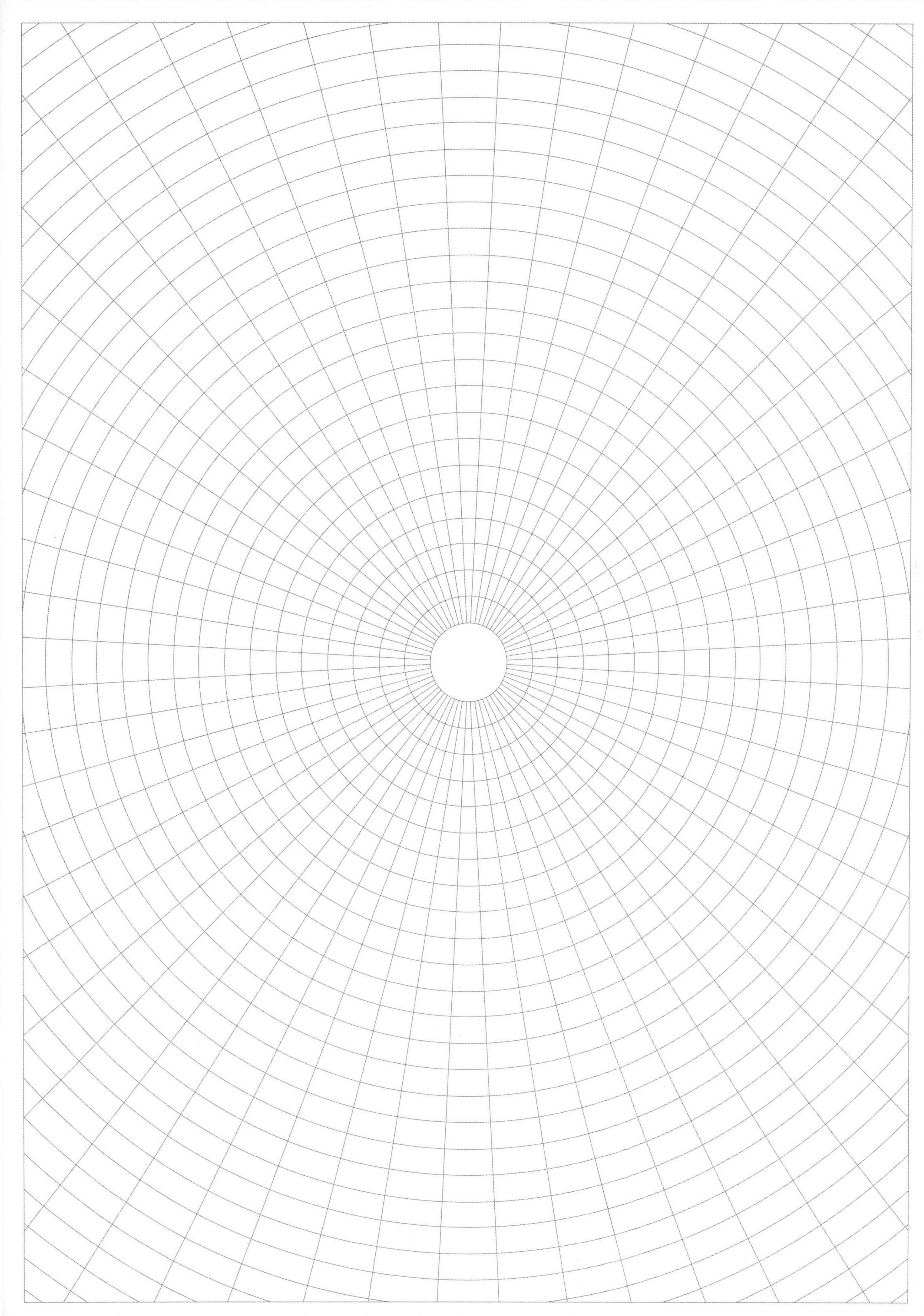

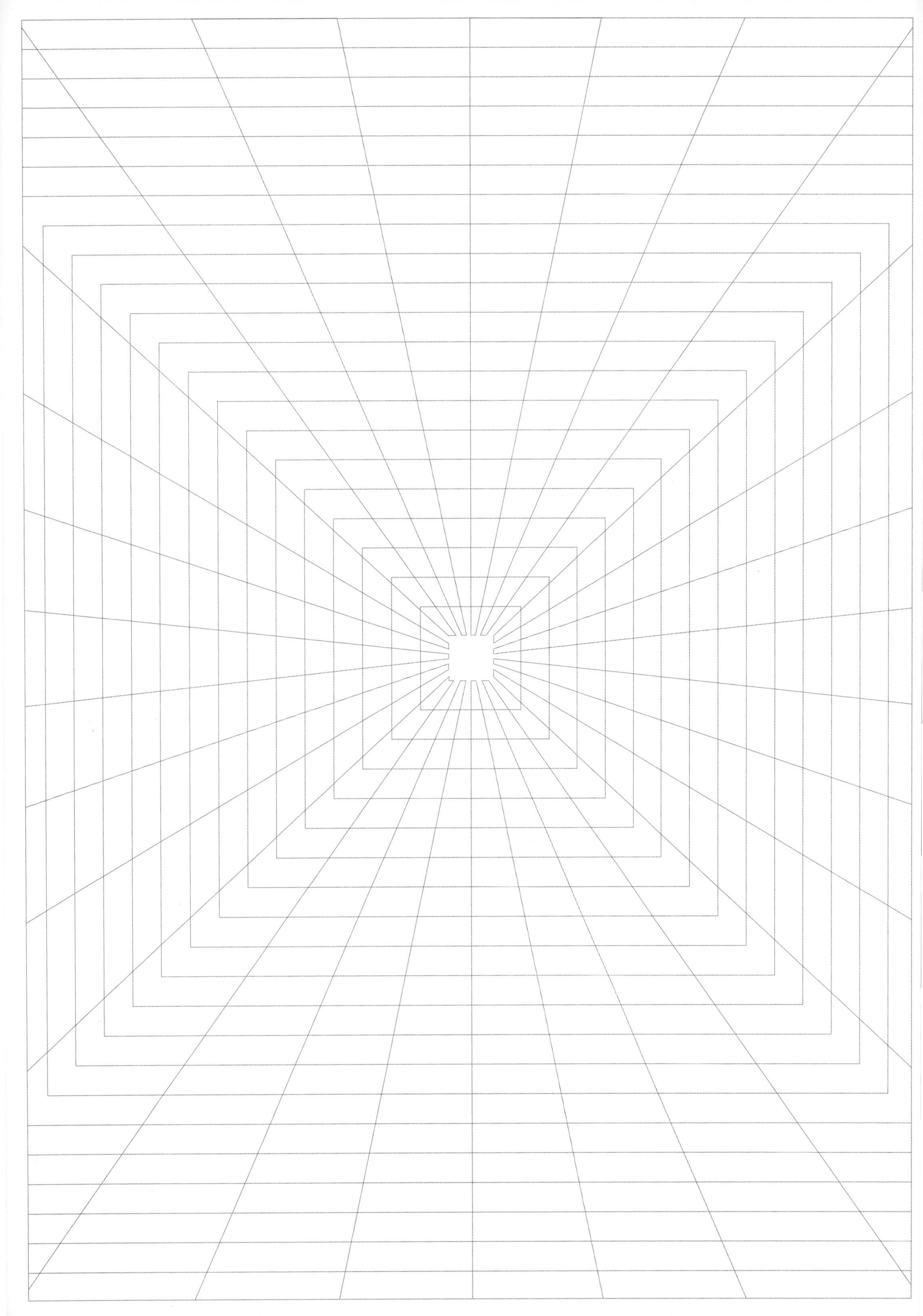

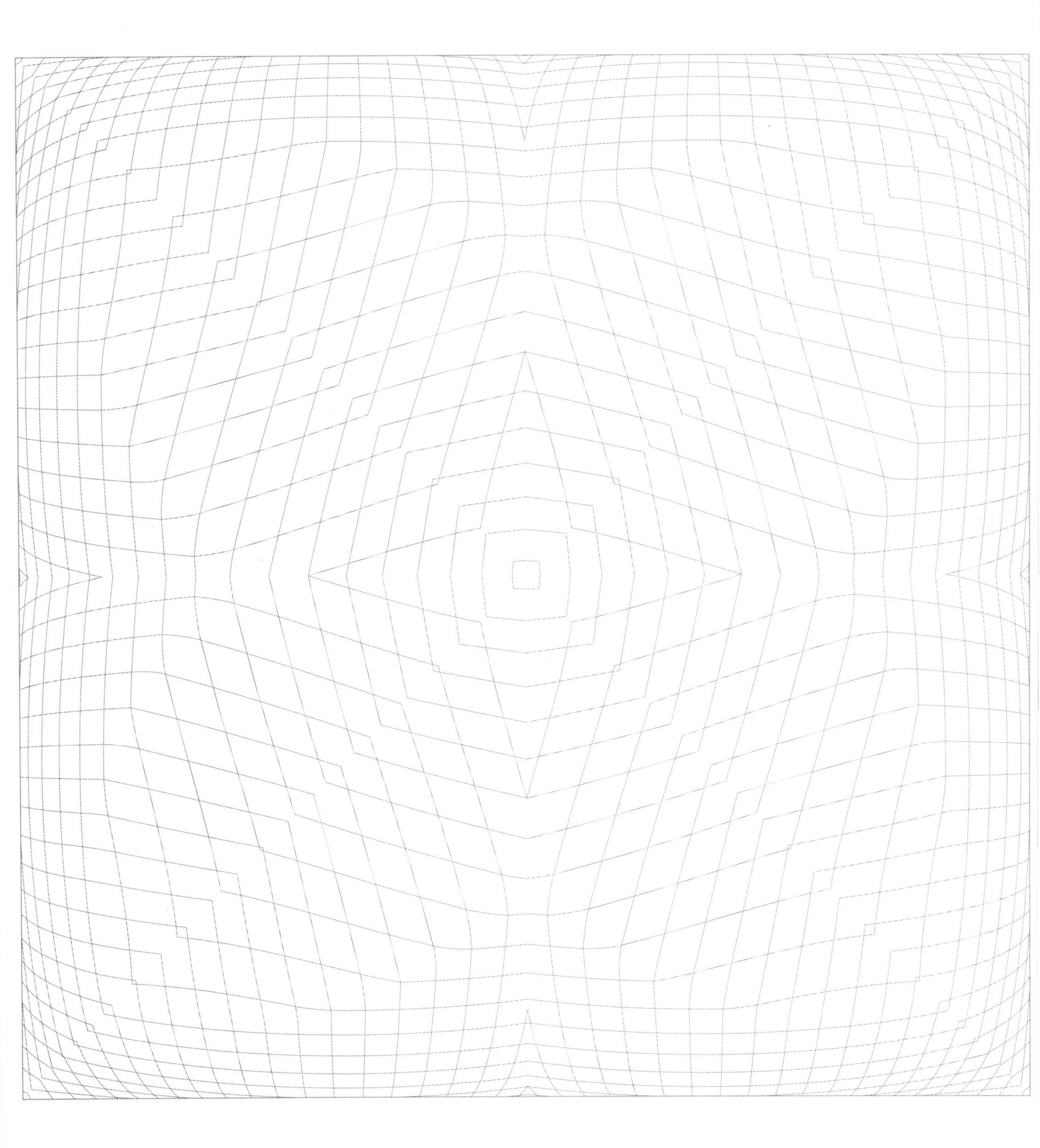

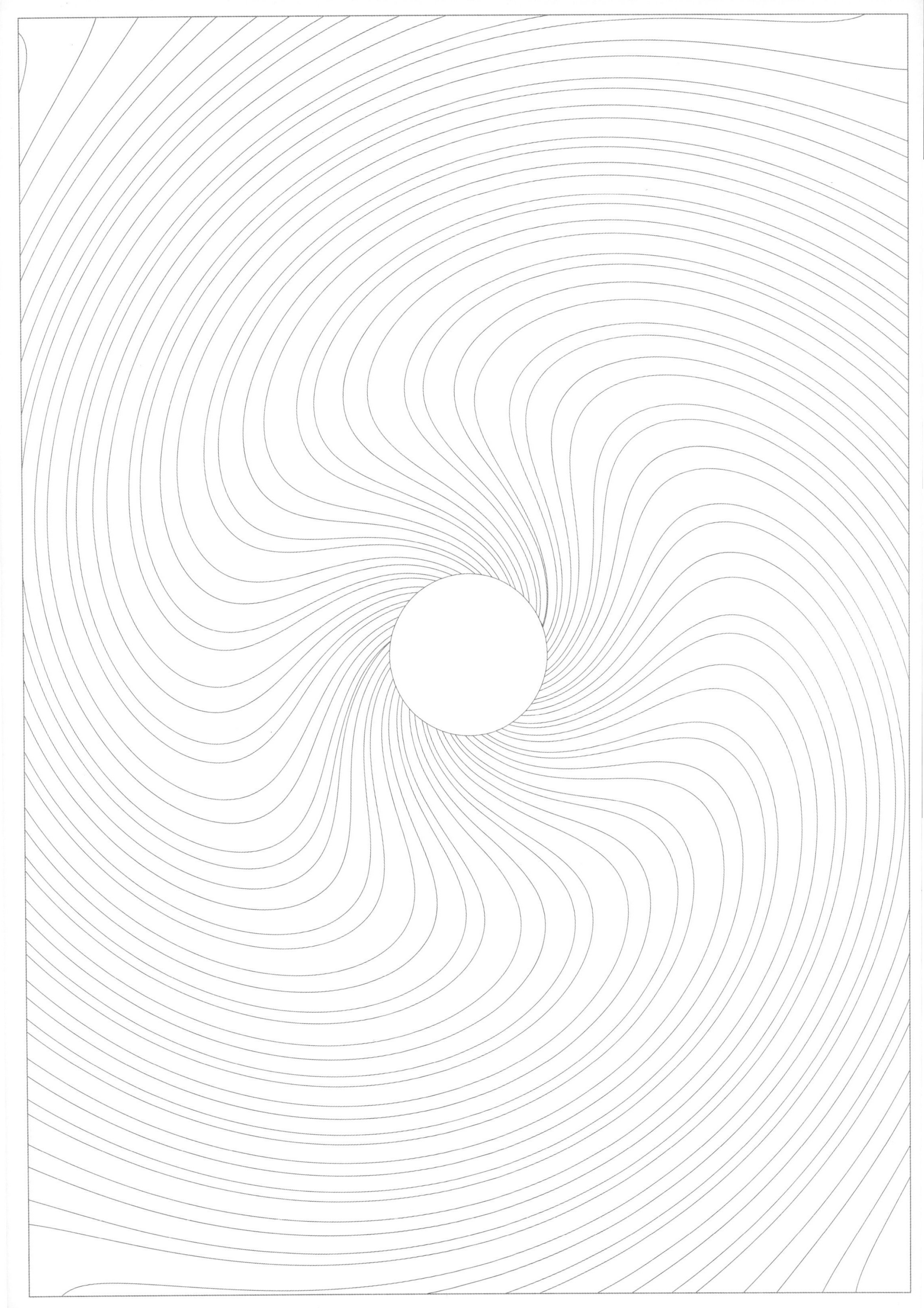

Ilusiones de colores

Escoge tu ilusión favorita y sigue los patrones de color para crear tu propio cuadro de ilusiones ópticas. O experimenta con los colores y crea tu propio diseño único.

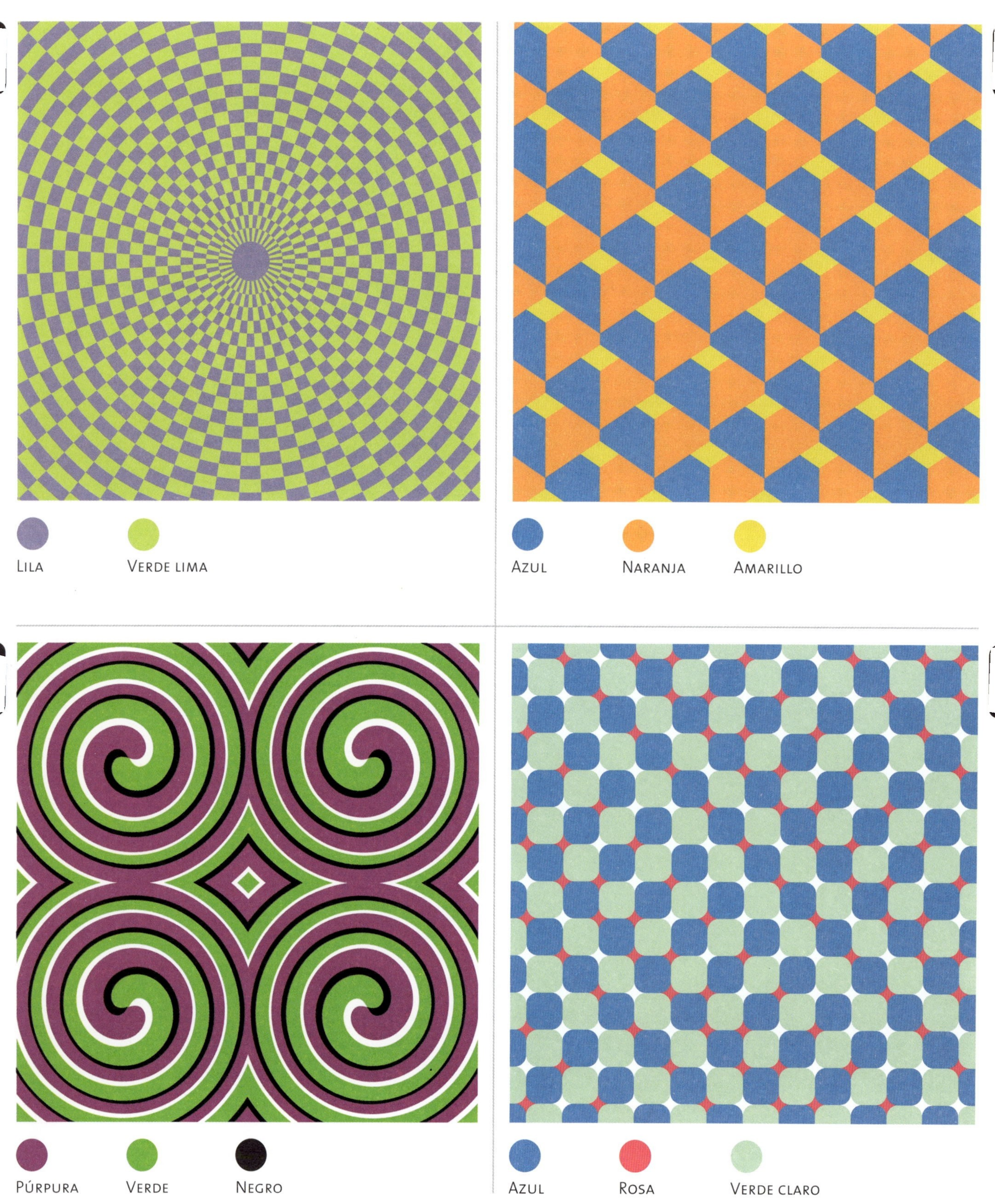

Verde	Azul	Amarillo	Negro

Azul	Azul claro	Gris

Púrpura	Naranja	Amarillo

Rojo	Verde claro	Amarillo	Negro

Y continúan los colores

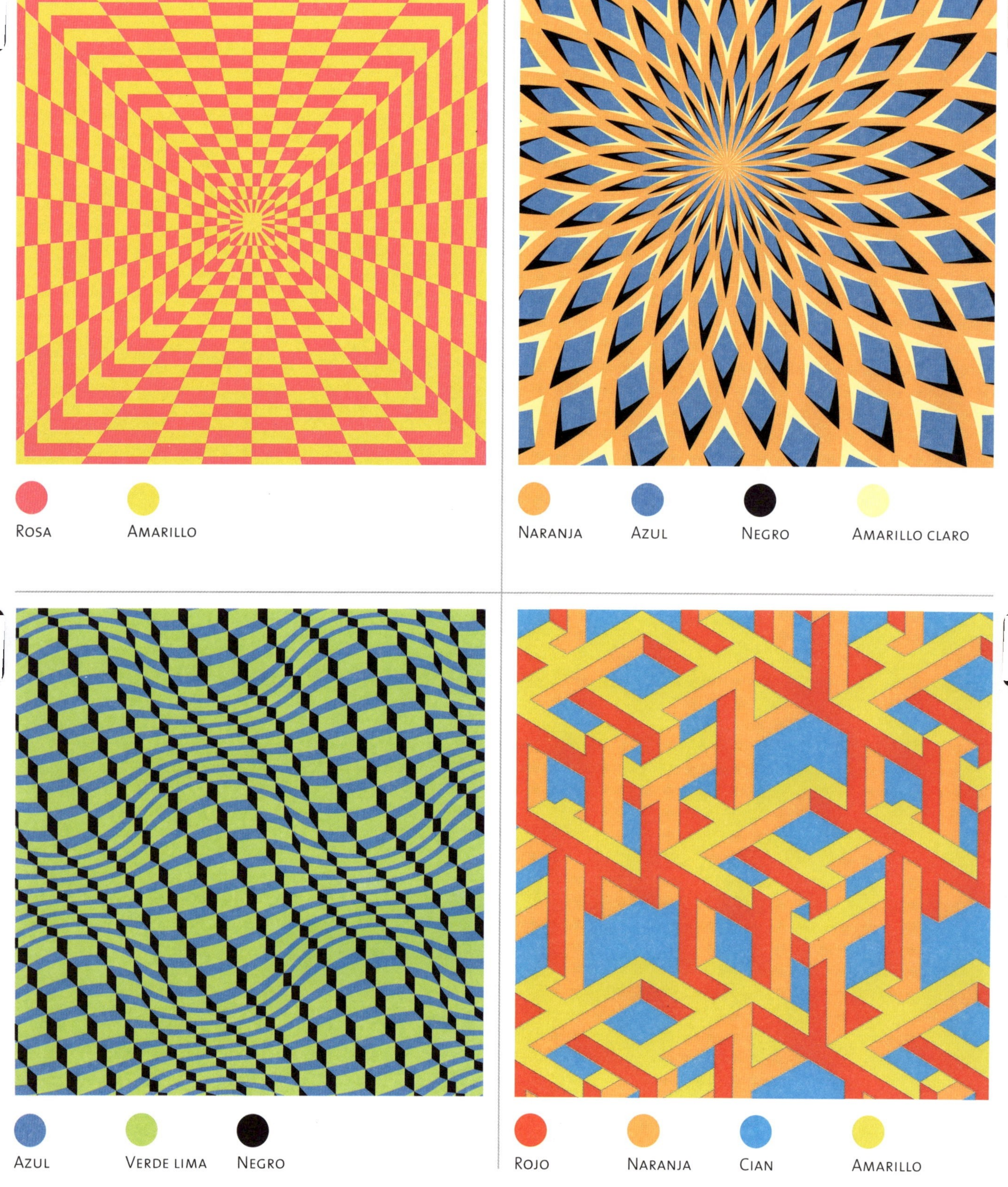

VERDE OSCURO   NARANJA CLARO   CREMA

ROSA   VERDE CLARO

AMARILLO   PÚRPURA   ROJO   NEGRO

AZUL   VERDE

Y continúan los colores

Lila   Cian claro

Rojo   Amarillo

Azul   Amarillo

Cian   Púrpura   Azul   Verde

Y continúan los colores

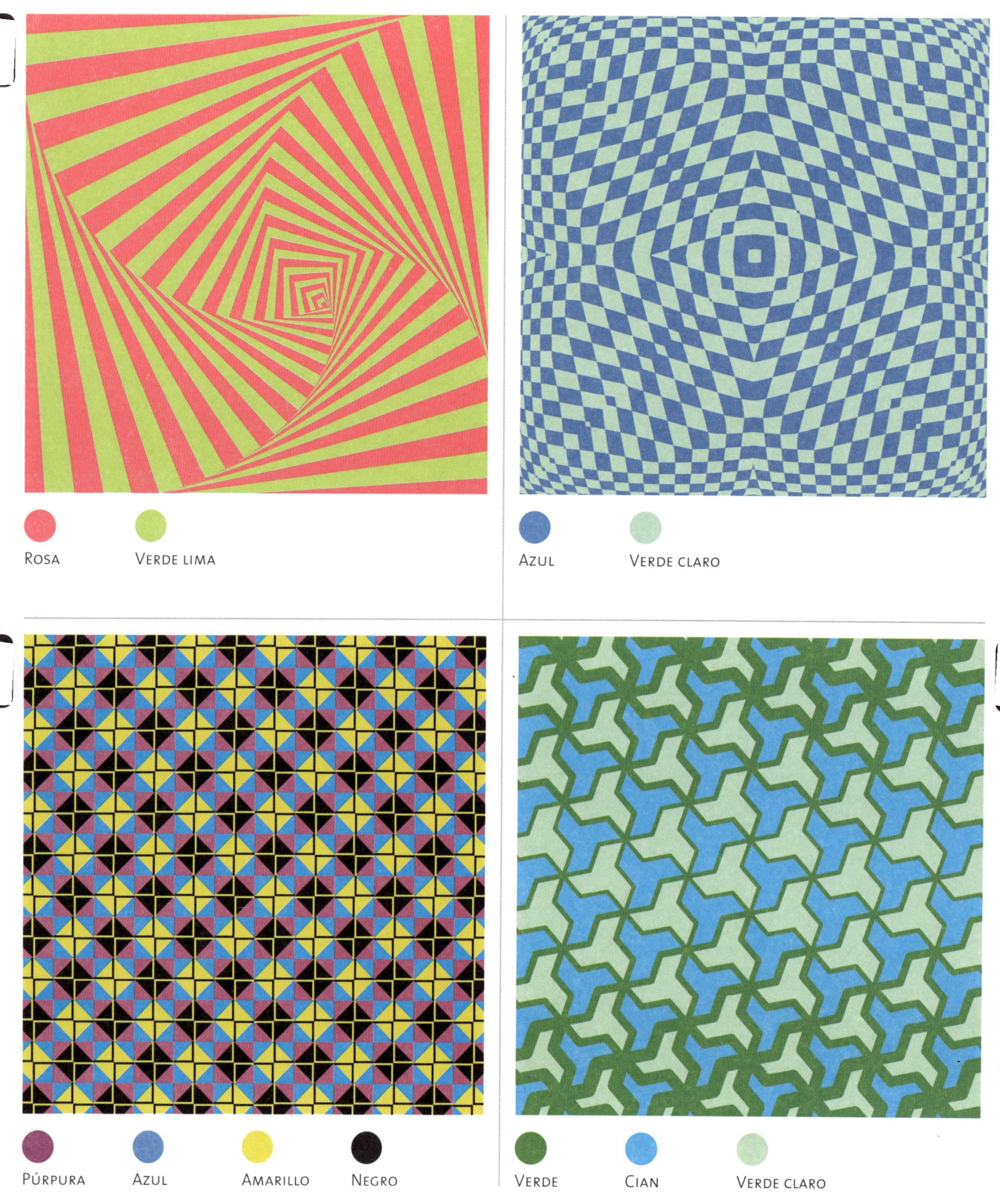